BEI GRIN MACHT SICH IHR
WISSEN BEZAHLT

- Wir veröffentlichen Ihre Hausarbeit,
  Bachelor- und Masterarbeit

- Ihr eigenes eBook und Buch -
  weltweit in allen wichtigen Shops

- Verdienen Sie an jedem Verkauf

Jetzt bei www.GRIN.com hochladen
und kostenlos publizieren

Bibliografische Information der Deutschen Nationalbibliothek:

Die Deutsche Bibliothek verzeichnet diese Publikation in der Deutschen National-
bibliografie; detaillierte bibliografische Daten sind im Internet über http://dnb.d-
nb.de/ abrufbar.

Impressum:

Copyright © 2009 GRIN Verlag, Open Publishing GmbH
Druck und Bindung: Books on Demand GmbH, Norderstedt Germany
ISBN: 9783640455478

Dieses Buch bei GRIN:

http://www.grin.com/de/e-book/137609/exemplarisch-genetisch-dramaturgisch-
lehrkunstdidaktik-in-der-biologie

Silvi Mailahn

Exemplarisch- genetisch – dramaturgisch: Lehrkunstdidaktik in der Biologie am Beispiel Linnés Wiesenblumen

GRIN Verlag

GRIN - Your knowledge has value

Der GRIN Verlag publiziert seit 1998 wissenschaftliche Arbeiten von Studenten, Hochschullehrern und anderen Akademikern als eBook und gedrucktes Buch. Die Verlagswebsite www.grin.com ist die ideale Plattform zur Veröffentlichung von Hausarbeiten, Abschlussarbeiten, wissenschaftlichen Aufsätzen, Dissertationen und Fachbüchern.

Besuchen Sie uns im Internet:

http://www.grin.com/

http://www.facebook.com/grincom

http://www.twitter.com/grin_com

Universität Hamburg

Fakultät für Erziehungswissenschaft, Psychologie und Bewegungswissenschaft

Fachbereich Erziehungswissenschaften

Sektion 5: Didaktik der gesellschaftswissenschaftlichen und mathematisch-natur-wissenschaftlichen Fächer

Proseminar: Einführung in die Biologiedidaktik

SoSe 2008

Hausarbeit

„Exemplarisch- genetisch – dramaturgisch: Lehrkunstdidaktik in der Biologie am Beispiel Linnés Wiesenblumen"

Silvana Mailahn

Lehramt Grund- und Mittelstufe (Biologie/ Geographie)

IV. Fachsemester

Inhaltsverzeichnis

1. Einleitung

1.1. Vorbemerkungen

In den letzten Jahren gab es, wie uns unter anderem auch die Ergebnisse der PISA-Studie präsentierten, Handlungsbedarf für grundlegende Änderungen im Schulunterricht. Die Lehrkunstdidaktik ist in den meisten Schulen und Unterrichtseinheiten kaum oder gar nicht anzufinden. Viele Lehrer bewerten die Aufbereitung von Unterrichtseinheiten mithilfe der Lehrkunst scheinbar als zu aufwendig, obwohl sie produktive Ergebnisse hervorbringt, von denen Schüler und Lehrer profitieren können, ermöglicht sie doch den so oft gewünschten Zusammenhang von Unterrichtstheorie und Unterrichtspraxis. So beschreibt Klafki die Notwendigkeit der Lehrkunstdidaktik damit, dass „...keine andere Richtung ... die so oft geforderte Kooperation von Unterrichtstheorie und Unterrichtspraxis ... verwirklicht hat."[1]

1.2. Ziel und Gang der Arbeit

Die vorliegende Arbeit soll aufzeigen, dass die Anwendung der Lehrkunstdidaktik sinnvoll und hilfreich sein kann. Während ich zunächst allgemein die Theorie der Lehrkunstdidaktik beschreiben werde, Begriffsklärungen vornehme, auf ihren Hintergrund und für die Lehrkunstdidaktik wichtige Personen eingehe, sollen im weiteren Verlauf die exemplarische Anwendung der Lehrkunst in der Biologie dargestellt werden. Hierzu werde ich auf ein Lehrkunststück, nämlich „Linnés Wiesenblumen, nach Rousseau " genauer eingehen und die Merkmale der Lehrkunst an diesem Exempel aufzeigen.
Im Anschluss möchte ich die Lehrkunstdidaktik im Fazit betrachten. Ich werde versuchen, mich kritisch mit ihr auseinandersetzen und sie von mehreren Seiten zu beleuchten. Es sollen Vorteile und Schwachpunkte aufgezeigt werden.
Zum Ende der Hausarbeit soll der Leser einen relativ umfassenden Einblick in die Lehrkunstdidaktik gewonnen haben. Er soll die wesentlichen Kernaussagen und die stützenden Säulen kennen. Ebenfalls soll die Möglichkeit zur Bildung eines eigenen Standpunktes gegeben worden sein.

---

[1] Klafki, Wolfgang (1997), S. 13

2. Theorie der Lehrkunstdidaktik

Die Lehrkunst bzw. Lehrkunstdidaktik wurde in Marburg von den Erziehungswissenschaftlern Hans Christoph Berg und Theodor Schulze entwickelt.[2] Wolfgang Klafki als einer der bekanntesten deutschen Didaktiker unserer Zeit hat sich ebenfalls mit Anspruch und Idee der Lehrkunstbewegung auseinandergesetzt und dabei eng mit Hans Christoph Berg zusammengearbeitet.[3] In der Fachsprache wird sie deswegen auch oft als Marburger Lehrkunst bezeichnet. Die Marburger Lehrkunst baut auf den Haupt- und Nebenströmungen von den Didaktikern Martin Wagenschein, Gottfried Hausmann, Johann Amos Comenius, Adolph Diesterweg und Jean-Jacques Rousseau auf.[4]

Sie ist eine didaktische Makromethode, d. h. im Unterricht werden über mehrere Einheiten hinweg große Themen der Menschheitsgeschichte, also jene Ereignisse die die Kultur der Menschen geprägt und beeinflusst haben, aufgearbeitet und ebensolche versucht dem Schüler näher zu bringen.[5] Das Lehrstück ist eine Unterrichtseinheit von 10 bis 20 Stunden.[6] Genau genommen bezeichnet es sowohl die Unterrichtseinheit als auch die in der Lehrkunstdidaktik besonders wichtige Vorlage dazu. Schulze selbst definiert ein Lehrstück denn auch als " ... eine dramaturgisch gestaltete Vorlage für eine begrenzte, in sich zusammenhängende und selbständige Unterrichtseinheit mit einer besonderen, konzept- und bereichserschliessenden Thematik."[7]

Das Prinzip „Baum – Nuss – Baum"[8] zeigt das Inbild der Lehrkunstdidaktik auf. Es verdeutlicht ihre Arbeitsweise durch Verbildlichung des Wissens: Der in der Kultur gewachsene Baum wird in Lehrstücken zur Nuss verdichtet und wächst im Lernenden wieder zum authentischen Kulturgut, dem Baum, heran.

Quelle: http://lehrkunst.ch/mambo/images/stories/bnb.jpg

---

[2] Vgl. Gudjons (2001), S. 254
[3] Vgl. u. a. Klafki (1997, 1998), S. 13 ff.
[4] Vgl. Keck/ Sandfuchs/ Feige (2004), S. 285 f.
[5] Berg/ Schulze (1995), S. 361
[6] Vgl. Berg/ Brüngger/ Wildhirt (2007), S. 3, ebenso Klafki (1997), S. 13
[7] Berg/ Schulze (1995), S. 361
[8] o.V.: Lehrkunst.ch, Konzept und Theorie

Lehrkunst versucht dabei neue Denkstrukturen zu etablieren, indem sie mit einem veränderten Blickwinkel an ein Thema herangeht. Der genetische Prozess des Lernens und Begreifens erfolgt durch eine Inszenierung, indem man zurück zum Kerninhalt, zum Faszinosum kehrt. Der Lehrkunstdidaktiker Hans Christoph Berg bezeichnet die Lehrkunst als „konstruktive Arbeit an einem inhaltlich bestimmten Lehrstück"[9] und versteht diese Didaktik als konkrete Inhaltsdidaktik. In einer Auflistung von zehn Thesen führt er gleich zu Beginn mit der ersten These die „Konzentration auf Inhalte" ein und spricht damit ein „Plädoyer für eine konkrete Inhaltsdidaktik"[10] aus. Dies bedeutet, dass die Inhalte im Zentrum einer Lehrkunstdidaktik stehen müssen, sowie eine aufgabenzentrierte Vermittlung, die – im Gegensatz zur Schüler- oder Lehrerzentriertheit – von elementarer Bedeutung ist. Im Sinne der Lehrkunst müssen diese Inhalte demzufolge „exemplarischen Charakter" haben und nach dem Prinzip des Genetischen Lernens „neue Sichtweisen, Denkformen und Handlungsmöglichkeiten"[11] bieten.

In der Lehrkunst werden Lehrstücke in so genannten Lernwerkstätten im Kollegium erarbeitet bzw. schon bestehende Lehrstücke werden weiter entwickelt. Aus dieser Arbeit entwickelt sich ein sich ständig wiederholendes Wechselspiel zwischen dem eigentlichen Lehrstückunterricht und der Lehrkunstwerkstatt, die fachkundig geleitet wird. In ihnen wird der Unterricht durchdacht, erprobt und variiert. „Lehrkunstdidaktik ist Lehrstückdidaktik."[12] Zurzeit gibt es Lehrkunstwerkstätten in Deutschland und der Schweiz u. a. in Marburg, Bern, Thurgau, Trogen und Luzern.[13]

Die nach Martin Wagenschein und Gottfried Hausmann entwickelte Methodentrias „Exemplarisch – Genetisch – Dramaturgisch" bildet das zentrale methodische Konzept der Lehrkunstdidaktik und soll hier deshalb näher erläutert werden.

2.1 Das Exemplarische

„In einer sorgfältig ausgewählten Unterrichtseinheit so gründlich in die Weite und in die Tiefe und in die Mitte gehen, dass im Einzelnen das Ganze sichtbar wird."[14]
Martin Wagenschein unterscheidet den systematischen Lehrgang vom exemplarischen Verfahren primär darin, dass der systematische Lehrgang durch einen „Stufencharakter" gekennzeichnet ist.[15] Im Vordergrund der Stoffvermittlung steht also die Ausbreitung des Themas vom Beginn bis zum Ende, vom Einfachen bis zum Komplexen. Kritisiert wird, dass

---

[9] Vgl. Berg (2004), o.S.
[10] Berg (2004), o.S.
[11] Vgl. u. a. Berg/ Schulze (1995), Klafki (1997), S. 14
[12] Berg/ Schulze (1995), S. 361
[13] Vgl. http://www.lehrkunst.ch/index.php?option=com_content&task=view&id=17&Itemid=53
[14] Berg/ Brüngger/ Wildhirt (2007), S. 1
[15] Vgl. Wagenschein (1999), S. 37

Bildung kein „addierender Prozess" sein darf; denn aufgrund der damit erreichten vermeintlichen „Vollständigkeit" der Stoffvermittlung geraten Lehrende immer häufiger in Zeitverzug und damit in die missliche Lage, die ursprünglich geplante zu vermittelnde Stofffülle nur noch anzureißen und im schlimmsten Fall das Gegenteil zu erreichen.[16] Wagenschein nennt dies einen „imposanten Schotterhaufen", der den „Durchblick" der Lernenden verstopfe.[17] Das exemplarische Verfahren hingegen versucht laut der Tübinger Resolution, „ursprüngliche Phänomene am Beispiel eines einzelnen, vom Schüler wirklich erfassten Gegenstandes sichtbar werden" zu lassen. Dazu benötigt der oder die Lehrende nicht mehr und nicht weniger als die Fähigkeit, mit einer einzelnen Frage das Interesse der Schülerschaft so stark zu wecken und damit bis in den „Seelengrund des Lernenden" hineinzuwirken, dass im Idealfall ein „ergriffenes Ergreifen" eintritt, so dass das Gelernte niemals wieder vergessen wird.[18] Dafür sei es allerdings notwendig, so Wagenschein, die bisher gültige zeitliche Unterrichtsstruktur in ein flexibleres Modell zu wandeln. Wichtig hierbei ist natürlich die Stoffauswahl. Exemplarisch heißt nicht irgendein Beispiel wählen, sondern ein besonderes Exemplar hoher Präsenz, dessen es sich lohnt, in seinem ganzen Umfang und Gehalt, Weite und Tiefe zu erfassen und zu verstehen – ein Schlüssel- oder Menschheitsthema.[19] Damit wird jedoch auch klar, dass nicht jedes Unterrichtsthema für Lehrstückdidaktik geeignet ist und dass Mut zur Lücke bewiesen werden muss.[20] Die rechte Abbildung der Grafik verdeutlicht dies anschaulich. Herkömmlicher Unterricht mit hohem Tempo und großer Stofffülle (I) muss nach Wagenschein entschleunigt werden (II), um bei Inhalten verweilen zu können, die wesentlich, bedeutsam und exemplarisch sind (III), wobei ein Zurückkehren jederzeit möglich sein muss (III`).

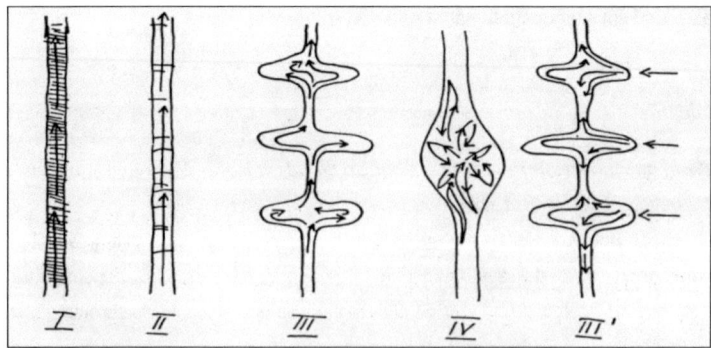

Quelle: Wagenschein (1999), S. 30

---

[16] Vgl. Wagenschein (1999), S. 29
[17] Vgl. Wagenschein (1999), S. 29
[18] Vgl. Wagenschein (1999), S. 32 ff.
[19] Vgl. Klafki (1997), S. 14
[20] Vgl. Wagenschein (1999), S. 30

2.2 Das Genetische

„Nicht nur die Ergebnisse der Wissenschaft lehren, sondern auch die dazugehörigen Wege entdecken und gehen lernen, die zu diesen Ergebnissen geführt haben."[21] Pädagogik hat mit dem Werdenden zu tun. Lehrkunst orientiert sich an den ursprünglichen Fragen der großen Dichter, Denker, Forscher und Endecker.[22] Dabei ist es wichtig, kultur- und wissenschaftsauthentisch in die menschheitliche Ursprungssituation, zur Quelle, zurückzutauchen (Wie war das damals bei Pythagoras?). Und natürlich ist der Weg (auch) das Ziel. Erst wenn wir die authentischen Wege nachgehen, wird der Werdegang des Unterrichtsgegenstandes zum Werdegang unseres Lernens. Die Lehrkunstdidaktik stellt als Grundform das "Erschließen" und "Entdecken" eines anspruchsvollen Themas durch die Schülerinnen und Schüler in den Mittelpunkt.[23] Diese sollen im Unterricht den Weg nachvollziehen, den vor ihnen bedeutende Persönlichkeiten der Wissenschaft gegangen sind, als sie neue Erkenntnisse gewonnen und Entdeckungen gemacht haben. Hier kommt auch Wagenscheins **sokratisches Prinzip** zum Tragen: Die Lernenden sollen neue Zusammenhänge und Handlungsmöglichkeiten selbst entdecken, selber denken und Erkenntnisse finden.[24] Die sokratische Unterrichtsführung sieht den Lehrer quasi als Geburtshelfer des eigenen Entdeckungs- und Lernprozesses des Schülers und wird deshalb auch als Hebammenkunst (Mäeutik) bezeichnet.[25] So sieht Klafki das Sokratische gar als das vierte Merkmale von Lehrkunstunterricht an[26], während Wagenschein selbst, das genetische Prinzip als Dreiheit von genetisch – sokratisch – exemplarisch beschreibt.[27]

2.3 Das Dramaturgische

„Einen Handlungszusammenhang aus Lernsituationen und Lernaufgaben als unterrichtlichen Rahmen für die angestrebten Lernprozesse möglichst bündig gestalten – mit vorsichtigem Seitenblick aufs Theater."[28] Wie bereits erwähnt, werden in jenen Lehrwerkstätten ja so genannte Lehrstücke erstellt. Man sieht das Lehrstück theatralisch, d.h., die Schüler und der Vermittler sind Teil eines Stückes das sie selbst inszenieren. In diesem Fall stellt das Lernen – die Bildung – einen **dramatischen Prozess** dar. Dramatisch heißt hier ein in Form eines Schauspiels/ Dramas inszeniertes, spannungsgeladenes Lehrstück dargestellter Bildungsprozess (in Anlehnung an die Begriffserklärung im Duden). Für folgendes

---

[21] Berg/ Brüngger/ Wildhirt (2007), S. 1
[22] Vgl. Berg/ Brüngger/ Wildhirt (2007), S. 1
[23] Berg/ Schulze (1997), S. 8
[24] Vgl. Klafki (1997), S. 14
[25] Vgl. Gudjons (2001), S. 255, ebenso Klafki (1997), S. 14
[26] Vgl. Klafki (1997), S. 14
[27] Vgl. Wagenschein (1999), S. 75
[28] Berg/ Brüngger/ Wildhirt (2007), S. 1

Gedankengut beziehe ich mich auf den von Prof. Dr. Hans Christoph Berg verfassten Aufsatz zur Lehrkunstdidaktik.[29] Bildung ist nach Berg somit ein dramatischer Prozess u.a. weil:

- das Bildungsgeschehen weitgehend dramatisch bestimmt wird (Anmerkung: m. E. müsste es dramaturgisch bestimmt heißen; Berg benutzt hier beide Begriffe m. E. fälschlicherweise synonym, aber es bestehen Unterschiede),

- das Bildungsgeschehen entspringt einer spannungsgeladenen (didaktischen) Situation (aus Unklarheiten, Gegensätzen, etc.), läuft aber dabei nicht unkontrolliert ab, sondern kann, wie das Geschehen im Theater, gestaltet und gesteuert werden,

- dramatische Bildung vollzieht sich in und zwischen (min. 2) Personen; Lehrer und Schüler können sich die Rollen teilen,

- wie bei einem guten Schauspiel folgt nach der Einleitung über das erregende Moment der Höhepunkt, der letztlich in einer bildungswirksamen Lösung endet (enden soll),

- dramatische Bildung bedient sich in Anlehnung an das Schauspiel/ Drama vor allem der Sprache (einschließlich Mimik und Gestik), das dialogische didaktische Gespräch als Prototyp,

- letztlich wird, wie in einem im Theater inszenierten Drama, im dramatischen Bildungsgeschehen der Gestaltenreichtum der Welt sichtbar. Das Drama nimmt kein Blatt vor dem Mund und beschäftigt sich mit allen wichtigen Phänomenen der Menschheitsgeschichte.

Die folgende Abbildung fasst die beschriebenen Merkmale der Lehrkunstdidaktik tabellarisch zusammen.

	Exemplarisch Eine Sternstunde der Menschheit kennenlernen	Genetisch Ein Gewordenes als Werdendes entdecken	Dramaturgisch Die Dramatik eines Bildungsprozesses erleben
Hauptmerkmale	• Phänomen/Exemplar • Kategorialer Aufschluss und Transferierbarkeit und • Paradigmatische Bedeutung (sachlich-fachliche Breite und philosophische Tiefe)	• Gegenstandszentrierung • Gang zu den Quellen • Schülerzentrierung	• Theaterähnliche Gliederung und Gestaltung • Dramatische Entwicklung des Lernprozesses • Entfaltung der Lehridee bis zum Erkenntnisprodukt
Leitfigur	Die Lernenden erklettern einen lockenden und zugänglichen Erkenntnisgipfel unter behutsamer Führung und erfahren dabei das Gebirge und das Klettern, also Inhalt samt Methode.	Die Lernenden nehmen den Gegenstand im eigenen Lerngang wahr als Werdegang des menschheitlichen und des individuellen Wissens: vom ersten Staunen bis zur eigenen Erkenntnis.	Die Lernenden ringen um die Erschließung des Gegenstands und der Gegenstand ringt mit den Lernenden um seine Erschließbarkeit.

Quelle: Berg/ Brüngger/ Wildhirt in Wiechmann (Hrsg.) (2002), S. 4

---

[29] Vgl. Berg (2004) in Ahnlehnung an Hausmann (1959), S. 144 ff.

3. Lehrkunst in der Biologie – Linnés Wiesenblumen

Beispiele für Lehrkunstthemen gibt es für beinahe alle Unterrichtsfächer für alle Schulstufen von Primar- bis Sekundarstufe II. Nach Berg umfasste 2006 das Repertoire 40 Lehrstücke, weitere 10 waren in der Entwicklung.[30] Gegenstände, die im Rahmen der Lehrkunst zu Lehrstücken entwickelt wurden, finden, wie schon erwähnt ihren Ursprung in der Geschichte der Menschheit (so beispielsweise aus der Antike der „Satz des Pythagoras", „Himmelsuhr und –globus", „Aristoteles' Verfassungsratschlag"; aus dem Mittelalter „Heimatlicher Dom" und aus der Neuzeit „Goethes Italienische Reise" oder „Faradays Kerze".

Wir finden Lehrkunststücke in den Bereichen Sprachen/ Literatur, Geistes- Sozial- und Wirtschaftswissenschaften, Mathematik, Kunst und Musik. In der Biologie als Naturwissenschaft gibt es folgende Lehrstücke:

- Goethes Pflanzenmetamorphose,
- der Dorfteich als Lebensgemeinschaft, nach Friedrich Junge und
- Linnés Wiesenblumen, nach Rousseau.

Letzteres Lehrstück möchte ich im Rahmen des Biologiedidaktikseminars folgend näher erläutern. Dazu wird zunächst das Lehrstück vorgestellt, um dann anschließend die Methodentrias und hier das genetische Prinzip nach Wagenschein als zentrales Element der Lehrkunst aufzuzeigen.

3.1 Linnés Wiesenblumen – ein Kurzportrait

„Die Pflanzen scheinen über die Erde verschwenderisch hingestreut zu sein wie am Himmel die Sterne, damit sie den Menschen, dessen Neugierde und Lust am Vergnügen sie entzünden, zum Studium der Natur einladen. Sie wachsen vor unseren Füßen, ja gleichsam hinein in unsere Hände."[31]

Die Lehrpläne der Biologie waren viele Jahre deutlich durch die Allgemeine Biologie bestimmt. Hinzu kam, dass die Schüler immer weniger Pflanzenkenntnisse erwarben.[32] Heute gehört die Systematik (Linnés) wieder zum Biologieunterricht. Sie ist grundlegend für viele andere Teildisziplinen der Biologie.

Fast jeder ist während seiner Schulzeit mit Linnés natürlichem System in Kontakt gekommen. Seine epochemachende Leistung ist schwierig zu unterrichten und „ ... kann auf

---

[30] Vgl. Berg/ Brüngger/ Wildhirt (2007), S. 2; eine aktuelle Übersicht ist zu finden unter:
http://www.lehrkunst.ch/index.php?option=com_content&task=view&id=16&Itemid=52
[31] Rousseau (1771), zitiert nach Wildhirt (1995), S. 238
[32] Vgl. Wildhirt/Suppelt/Trepte (2003), S. 5

mancherlei Weise didaktisch ruiniert werden."[33] Rousseau beschreibt in seinen Botanischen Lehrbriefen für eine Freundin, dass die Didaktik von der Anschauung der Schüler ausgehe. Schüler treten unbedarft, mit geschultem, aber genauem Blick an die Pflanzenvielfalt heran.[34] Diese Briefe bilden die Grundlage des von Susanne Wildhirt inszenierten Lehrstücks.

Das naturwissenschaftliche Lehrstück „Linnés Wiesenblumen" ist der Sekundarstufe I, also den Schulklassen 5-10, zuzuordnen. Die Didaktikerin Susanne Wildhirt hat dieses Lehrstück mit Hilfe der Lehrkunstdidaktik inszeniert und niedergeschrieben. Die nannte ihr Lehrstück „Linnés Familienblick – Elementare Pflanzenkunde sehr frei nach Rousseau im Landschulheim Ecole d' Humanité in Goldern". In dem Lehrstück entdecken die Schüler mit Linné und Rousseau die Pflanzenfülle. Sie erarbeiten eine natürliche Ordnung der Pflanzenfamilie durch Beobachtungen, Beschreibungen, Zeichnungen und pantomimische Spiele.

„Wie viele und welche Blumen blühen zurzeit auf den Wiesen?" – Mit dieser Leitfrage ziehen die Schülerinnen und Schüler einer fünften Klasse in Goldern (Schweiz) hinaus, sammeln die Blumen zweier Wiesen in Artväschen und bringen sie in einem Korb ins Schulzimmer. Die eigene Anschauung und Kosch/ Aichele[35] helfen den Kindern beim Bestimmen der Arten. Das „new kreüterbuch"[36] zeigt, wie sich die Blumen portraitieren lassen und erklärt die Heilwirkung des Salbei, des Wiesenlabkrautes, des Löwenzahn und der anderen Heilpflanzen, die auf den Wiesen wachsen. Irgendwann schlüpfen die Schülerinnen und Schüler in den Gehrock Linnés und stellen im spannenden Pantomimenspiel die Arten zu Familien zusammen. Zwei Lehrpfade werden gemeistert, bis ungefähr zwanzig bis dreißig Arten und ihre acht bis zehn Pflanzenfamilien kennen gelernt und portraitiert wurden. Zum Schluss begegnen sich auf Wiese Linné und Fuchs im Expertengespräch, beschließen ihre Zusammenarbeit und sorgen so dafür, „ ...dass unser Wiesenblumenbuch entsteht mit allem darin, was wir gelernt haben."[37]

3.2 Die Methodentrias

Die bereits oben erwähnte Methodentrias „Exemplarisch – Methodisch – Genetisch" nach Wagenschein und Hausmann, welche ja bekanntlich das zentrale methodische Konzept der Lehrkunst bilden, lässt sich auch für das in diesem Kapitel bezogene Exempel beschreiben:

---

[33] Wildhirt (1995), S. 234
[34] Vgl. Wildhirt (1995), S. 234 ff.
[35] Kosch/Aichele gehört zur Populärliteratur in Sachen Pflanzenbestimmung. Das Buch enthält eine große Auswahl von im deutschsprachigen Raum vorkommenden Pflanzen
[36] Ein Kräuterbuch von 1543 vom deutschen Pflanzenkundler und Mediziner Leonhart Fuchs
[37] Eine ausführliche Beschreibung des Lehrstückes – vgl. Wildhirt (1995), S. 238 ff.

So zeigt sich zunächst **exemplarisch** die Pflanzenfülle auf einer vielfältig blühenden Wiese. Die Schüler können sie als Ganzes in den Blick nehmen und eventuell malen. Die Leitfrage des Lehrstückes lautet: „Was meint ihr, wie viele und welche verschiedenen Blumen wachsen hier?"[38] Einige kleine Wassergläschen, die mitgebracht wurden, sollen die Schüler dazu bewegen möglichst verschiedene Blumen zu sammeln und sie ihrer Art entsprechend einzusortieren.

Im **genetischen** Wettstreit geht es nun darum, die Pflanzen aus der eigenen Anschauung heraus zu zeichnen und zu beschreiben und ihnen anschließend eigene Namen zu geben, die die Pflanze möglichst treffend beschreiben (z.B. „Pfeifenputzer" für den Schlangen-Knöterich, „lila Zottelkopf" für die Wiesen-Flockenblume[39]). Ein bebilderter Pflanzenführer ermöglicht dann eine genaue Bestimmung der Pflanzen. Weitere charakterische Merkmale der einzelnen Pflanzen, wie Blütezeit, Standort usw. müssen erforscht werden, sodass letztendlich ein Pflanzenportrait entsteht, welches den Erstbeschreibungen ähnelt.

Der **Dramaturgie** dieser Lehrstückkomposition wird insofern deutlich, als dass die Schülerinnen und Schüler das Systematisieren induktiv lernen.[40] Dies erfolgt dadurch, dass die Schüler sich nun als Carl von Linné verkleiden. Gehrock und der Gelehrtenhut Linnés wandern von Schülerin zu Schüler, die Erkenntnis der Verwandtschaft der Pflanzen macht sich allmählich in der Gruppe breit und wird anschließend im Reflexionsgespräch und in den Pflanzenbeschreibungen festgehalten.[41] Durch das Versetzen in dessen Lage erleben sie im Pantomimenspiel die ursprüngliche Situation der Entdeckung des Natürlichen Systems. Die Schülerinnen und Schüler erleben die Entdeckungen Linnés individuell, indem sie nun versuchen die Pflanzen aus den Artgläschen in größere Familienvasen umzusortieren.

Es erfolgt dann noch ein zweiter Pflanzenfamilienlehrpfad, bei dem nun alle verwandten Arten zusammengestellt werden. In diesem Prozess (die Erfassung der Pflanzenfülle mit Linnés und Rousseaus „Familienblick") wird den Schülern bewusst, dass sie während des Unterrichts quer durch Europa gereist und mit nahezu der Hälfte aller Pflanzen vertraut geworden sind. Rousseaus Beschreibung der acht Hauptfamilien in seinen Lehrbriefen umfassen nämlich die halbe einheimische Pflanzenwelt.[42]

In der nachfolgenden Tabelle werden anhand von fünf selbstentwickelten Leitfragen die Merkmale genetischen Lehrens in diesem Lehrstück aufgezeigt. Die Antworten sind der Beschreibung des Lehrstückes entnommen.[43]

---

[38] Wildhirt (1995)
[39] Vgl. Wildhirt (1995)
[40] Vgl. Wildhirt/Suppelt/Trepte (2003), S. 5
[41] Vgl. Wildhirt/Suppelt/Trepte (2003), S. 5
[42] Vgl. Wildhirt/Suppelt/Trepte (2003), S. 6
[43] Vgl. Wildhirt (1995), S. 238 ff.

Merkmale genetischen Lehrens	Exempel „Blumensträuße"
1. Was ist das erstaunliche Phänomen/ Exempel?	Blumen und die Vielfalt ihrer Arten
2. Auf welche Weise ist die Wirklichkeit nach der Exposition des Phänomens anwesend?	• einerseits durch drei Exkursionen (erste Blumenwiese, „Duftwiese", Wald) • andererseits im Klassenzimmer durch die Blumen in Vasen
3. Sind die Lernenden „mit Leib und Seele bei der Sache"?	Anspruch: Wildhirt schreibt: „Und wir müssen die Pflanzen erleben lernen: an ihnen Sinnlichkeit entwickeln, sie berühren, fühlen (...)."(S. 238) Der Unterricht ist also im wahrsten Sinne des Wortes auf ein „mit Leib und Seele bei der Sache Sein" angelegt. Wirklichkeit: • Wildhirt beschreibt viele begeisterte Momente, die diesem Anspruch gerecht werden. • Es gibt aber auch kritische Momente Auf S. 245/46 beschreibt sie den Unterricht als „mühselig"
4. In welcher Gestalt treffen wir im Lehrstück auf Sokrates?	Dieses Lehrstück ist sokratisch insofern, als das ein Philosoph zur Hebamme der Erkenntnis wird: Nur ist es hier nicht Sokrates selbst, sondern es sind Rousseau u. Linné
5. Wie taucht der historische Wissenschaftsgang des Lehrobjektes im Unterricht auf?	Der historische Wissenschaftsgang – 1. die Entdeckung des natürlichen Systems durch Linné und 2. dessen Rezeption und Verbreitung in der Wissenschaft durch Rousseau – wird im Lehrstück in seinem Werden nachvollzogen, indem Linné mittels Rousseau erschlossen wird

4. Fazit und zugleich kritische Betrachtung der Lehrkunstdidaktik

Nach einem Blick auf die Themen der Lehrstücke kann man die Aussage treffen, dass Lehrkunstdidaktik konservativ ist,[44] denn die Themen, beispielsweise in Biologie – das Lehrstück zur Botanik –, in Politik – das Lehrstück zur Verfassung -, und in Chemie – das Lehrstück zur Kerze nach Faraday, vermitteln definitiv konservatives Wissen, bzw. lassen dies die Schülerinnen und Schüler erleben. Ich denke aber, darauf kommt es der Lehrkunstdidaktik gar nicht direkt an. Sicherlich will auch sie einen breiten Bildungskanon vermitteln können und den Rahmenplänen der Schule gerecht werden. Es scheint also vielmehr das „Wie" im Mittelpunkt zu stehen. – Und genau diese neue „Unterrichtskultur", nämlich konservatives Wissen, nach Wagenschein exemplarisch, genetisch und dramaturgisch in den Köpfen der Schülerschaft dauerhaft zu verankern, ist ganz und gar nicht konservativ. M. E. ist das auch das Erfolgsgeheimnis der Lehrkunstdidaktik – nämlich in den Augen der Schülerinnen und Schülern scheinbar langweilige Themen ansprechend auszugestalten und kreative Lernprozesse zu ermöglichen. Das diese Art des Lehrens und

---

[44] Vgl. Berg/ Brüngger/ Wildhirt (2007), S. 2; eine aktuelle Übersicht ist zu finden unter: http://www.lehrkunst.ch/index.php?option=com_content&task=view&id=16&Itemid=52

Lernens den Schülerinnen und Schülern mehr Spaß macht und sie deshalb auch mit Eifer und Leidenschaft lernen, scheint mir nach ausführlicher Lektüre diverser Publikationen und Erfahrungsberichte zur Lehrkunst unbestritten.

Lehrkunstdidaktik beschäftigt sich mit den die Menschheit prägenden Entdeckungen und Erfindungen, Problemen und Problemlösungen. Deren Resultate sind zwar im Prinzip bekannt, müssen aber dennoch immer wieder neu gewonnen, angeeignet und gestaltet werden. Ihnen kommt ein hoher Bildungswert zu.[45] So resümiert auch Gudjons: „Ohne Frage liegt in der Lehrkunst-Didaktik eine große Chance, gegen eine formalisierte Didaktik in der Schule eine didaktische Kultur zu entwickeln, die Schulvielfalt und Bildungskonzepte neu beleben kann."[46]

Gleichwohl muss kritisch angemerkt werden, dass natürlich nicht jeder Unterrichtsinhalt exemplarisch ist und mittels Lehrkunstdidaktik aufgearbeitet werden kann. So schreibt auch Klafki: „Ein weiteres, für die Lehrkunstdidaktik grundlegendes Charakteristikum ist die Konzentration auf einen bestimmten Typus von Unterrichtsthemen."[47] M. E. gibt es jedoch gerade in der Biologie eine Fülle von wertvollen exemplarischen Schlüssel- und Menschheitsthemen, die mit Hilfe der Lehrkunst den Unterricht aufwerten könnten. Man denke beispielsweise an Harveys Entdeckung des Blutkreislaufes oder an Darwins und Mendels Beiträge zur Evolutionstheorie.

Letztlich nehmen Planung, Durchführung und Weiterentwicklung in den beschriebenen Lehrkunstwerkstätten viel mehr Zeit in Anspruch herkömmlicher Unterricht (beispielsweise Frontalunterricht). So sind auch Berg, Brüngger und Wildhirt der Meinung, dass Lehrstücksunterricht „ ... in sparsamer Dosierung von zirka zehn Prozent zum sachlich und persönlich tiefgründigen und nachhaltigen Erschließen, Verstehen und Aneignen zentraler kultureller Errungenschaften im aktiven Nach- und Mitvollzug der ursprünglichen Durchbrüche."[48] beiträgt.

---

[45] Vgl. Berg/ Schulze (1995), S. 386ff
[46] Gudjons (2001), S. 255
[47] Klafki (1997), S. 14
[48] Berg/ Brüngger/ Wildhirt (2007), S. 14

5. Quellenverzeichnis

5.1. Literaturquellen

Berg, Hans Christoph. 2004. Lehrkunstdidaktik – Entwurf und Exempel einer konkreten Inhaltsdidaktik. Download unter http://www.sowi-online.de/journal/2004-1/lehrkunst_berg.htm Zugriff am 16.08.2009

Berg, Hans Christoph; Brüngger, Hans; Wildhirt Susanne. 2002. Lehrstückunterricht. Exemplarisch – genetisch – dramaturgisch. In Wiechmann, Jürgen (Hrsg.) 2002. Zwölf Unterrichtsmethoden. Vielfalt für die Praxis. Beltz. Weinheim. S. 99 - 113

Berg, Hans Christoph; Schulze, Theodor. 1995. Lehrkunst. Lehrbuch der Didaktik. Neuwied, Kriftel, Berlin

Berg, Hans Christoph; Schulze, Theodor (Hrsg.) 1997. Lehrkunstwerkstatt I. Didaktik in Unterrichtsexempeln. Neuwied: Luchterhand

Bonati, Peter. 2002. Lehrkunstdidaktik und Lehrstücke - ihr Beitrag zu Didaktik und Unterrichtsentwicklung. Download unter http://www.bzl-online.ch/archivdownload/ BZL_2003_1_93-107.pdf. Zugriff am 12.08.2009

Glöckel, Hans. 1994. Vom Unterricht. Lehrbuch der Allgemeinen Didaktik. Bad Heilbrunn.

Gudjons, Herbert. 2001. Pädagogisches Grundwissen. Überblick – Kompendium – Studienbuch. 7., völlig neu bearbeitete und aktualisierte Auflage. Klinkhardt. Bad Heilbrunn

Hausmann, Gottfried. 1959. Didaktik als Dramaturgie des Unterrichts. Heidelberg.

Keck, Rudolf W.; Sandfuchs, Uwe; Feige, Bernd (Hrsg.) 2., vollst. überarb. Auflage 2004. Wörterbuch Schulpädagogik: Ein Nachschlagewerk für Studium und Schulpraxis, Klinkhardt. Bad Heilbrunn

Klafki, Wolfgang. 1997. Exempel hochqualifizierter Unterrichtskultur. Einführung zur Lehrkunstwerkstatt-Reihe. In Berg, Hans Christoph; Schulze, Theodor (Hrsg.) 1997. Lehrkunstwerkstatt I. Didaktik in Unterrichtsexempeln. Neuwied: Luchterhand. S. 13-37

Klafki, Wolfgang. 1998. Exempel hochqualifizierter Unterrichtskultur. In Berg, Hans Christoph; Schulze, Theodor (Hrsg.) 1998. Lehrkunstwerkstatt II. Berner Lehrstücke. Neuwied, Kriftel, Berlin, 13-35

Leps, Horst. 2006. Lehrkunst und Politikunterricht. Dissertation. Philipps-Universität Marburg/Lahn

Meyer, Meinert; Reinhartz, Andrea (Hrsg.) 1998. Bildungsgangdidaktik. Denkanstöße für schulische Forschung und pädagogische Praxis. Opladen.

Schwanitz, Dietrich. 1999. Bildung. Alles, was man wissen muß. Frankfurt.

Wagenschein, Martin. 1995. Naturphänomene sehen und verstehen. In Berg, Hans Christoph (Hrsg.) 1995. Genetische Lehrgänge. Stuttgart

Wagenschein, Martin. 1999. Verstehen lehren. Genetisch - Sokratisch – Exemplarisch. Beltz. Weinheim und Basel

Wildhirt, Susanne. 1995. Linnés Familienblick an der Ecole d' Humanité/ Goldern. In Berg, Hans Christoph; Schulze, Theodor (Hrsg.) 1995. Lehrkunst. Lehrbuch der Didaktik. Neuwied. Luchterhand. S. 238-268

Wildhirt, Susanne; Suppelt, Christin; Trepte Andreas. 2003. Linnés Wiesensträuße, frei nach Rousseau. In Gunter Ebert/Ulrike Harder/Renate Hildebrandt-Günther/ Michael Jänichen/Ortwin Johannsen/André Linnert /Dirk Rohde/ Heinrich Schirmer/ Kristin Suppelt/ Andreas Trepte/Susanne Wildhirt und Hans Christoph Berg. 2003. Limburger Dom – Linnés Wiesensträuße – Goethes Italienische Reise – Bassermann 1848 – Faradays Kerze – Hedins Erderkundung. Sternstunden der Menschheit im Unterricht – Sechs Lehrstücke. Ensemble-Bewerbung des Marburger Doktoranden-Seminars „Bildung und Lehrkunst" für den Wettbewerb des DPhV/BDI. Marburg. S. 5 – 6. Download unter http://www.zum.de /wettbewerbe/unterricht_innovativ/projekte/ebert/unterrichtsskizze.doc

5.2. Sonstige Quellen

http://www.sowi-online.de/journal/2004-1/lehrkunst_berg.htm; Zugriff am 29.09.2008

http://www.lehrkunst.ch/index.php?option=com_content&task=view&id=15&Itemid=51; Zugriff am 25.09.2008